这是属于____________的

第一本关于爬行动物的科普绘本。

不可思议的爬行动物

[英] 杰克 · 威廉姆斯 著 / 绘
马雪云 译

童趣出版有限公司编译　人民邮电出版社出版
北　京

图书在版编目（CIP）数据

不可思议的爬行动物 / （英）杰克·威廉姆斯著、绘；童趣出版有限公司编译 ； 马雪云译. -- 北京 ： 人民邮电出版社，2020.8
ISBN 978-7-115-53983-0

Ⅰ. ①不… Ⅱ. ①杰… ②童… ③马… Ⅲ. ①爬行纲—少儿读物 Ⅳ. ①Q959.6-49

中国版本图书馆CIP数据核字(2020)第077575号

著作权合同登记号 图字：01-2019-3821

First published in the United Kingdom in 2018 by Pavilion Children's Books
43 Great Ormond Street London WC1N 3HZ

责任编辑：吴 卉　　封面设计：韩木华　　责任印制：李晓敏
执行编辑：谢晓婷　　排版制作：北京天琪创捷文化发展有限公司

编　　译：童趣出版有限公司
出　　版：人民邮电出版社
地　　址：北京市丰台区成寿寺路 11 号邮电出版大厦（100164）
网　　址：www.childrenfun.com.cn

读者热线：010 － 81054177
经销电话：010 － 81054120

印　　刷：天津海顺印业包装有限公司
开　　本：787 × 1092 1/16
印　　张：6.5
字　　数：126 千字
版　　次：2020 年 8 月第 1 版　　2020 年 8 月第 1 次印刷
书　　号：ISBN 978-7-115-53983-0
定　　价：78.00 元

目　录

爬行动物概况

简介

爬行动物是冷血脊椎动物，它们身上要么有鳞片，要么有壳。在现代，地球上除了寒酷的南极洲，几乎每块陆地上都有爬行动物在繁衍生息，它们能适应各种多变的气候和环境。

作为冷血动物，爬行动物无法像人一样自动调节体温，它们需要从阳光中获取热量，这也是人们经常看见它们晒太阳的原因。

脊椎动物的背部有脊柱，脊柱也叫脊骨。与爬行动物一样，哺乳动物、鸟类、鱼类和两栖动物也都是脊椎动物。

进化

我们现在已知最早的爬行动物，大约出现在3.12亿年前。经过之后约8000万年的发展，这些早期的爬行动物进化成了大型脊椎动物——恐龙。

现存的爬行动物分为四个目，分别是龟鳖目（龟）、喙头目（仅由残存于新西兰的一种濒危动物楔齿蜥构成的一个目）、有鳞目（蜥蜴和蛇）和鳄目（鳄和短吻鳄）。有趣的是，现已证实鳄目是鸟类的近亲。

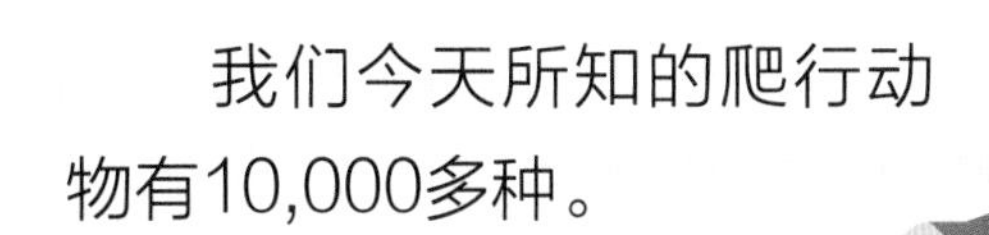

我们今天所知的爬行动物有10,000多种。

繁殖后代

有些爬行动物直接繁殖后代（胎生），不过大多数爬行动物通过产卵繁殖后代（卵生，这是爬行动物和鸟类的又一个共同之处）。对于这些动物来说，产卵繁殖比直接生产更安全。它们可以把卵藏起来，这样就不会被卵拖累了。

栖息环境

爬行动物已经适应了地球上的一些极端环境。往下看你就会发现，在一些你绝对想不到的地方，爬行动物们进化出了独特且不可思议的生存方式。

爬行动物的出现时间

众所周知，恐龙生活在很久远的年代。但实际上，有些爬行动物比恐龙出现得还早。它们躲过了多次生物大灭绝，适应了气候变化，并成功从天敌的围捕中存活下来，最终进化成了今天你看到的样子。

追溯时间

最早的爬行动物大约出现在3.12亿年前。你可以和人类做个对比，现代人类才存在了约20万年。

林蜥

目前，人们认为林蜥是最早出现的爬行动物。大约在3.12亿年前，这种长得像蜥蜴的动物就已经开始在地球上爬行了。它们比恐龙早出现了约8000万年。

鳄

第一批真正的鳄出现在大约2.15亿年前。从那时到现在，鳄几乎没什么变化。这一点足可以说明这些动物对环境适应得有多好。

鸟类是爬行动物吗？

鸟类虽然不属于爬行动物，但它们却是由恐龙进化而来的。6500万年前发生的生物大灭绝使大部分恐龙消失，只有一小部分长羽毛的小个子恐龙幸存了下来。这些幸存者在接下来的时间里进化成了现在的鸟类。

生物大灭绝

大约在6500万年前，地球上发生了一次生物大灭绝事件。在这次事件中，地球上很多生物都消失了。其中最有名的就是恐龙。这次灾难性事件的具体起因尚不明确，不过很多科学家用“陨石撞地球”的学说来解释这次事件。

蛇类

第一批蛇类大约出现在1.2亿年前。

霸王龙

让人闻风丧胆的霸王龙直到约7000万年前才开始称霸地球。

爬行动物的成长周期

不同种类的爬行动物，成长周期也不一样。不过，大多数爬行动物的成长周期都遵循一个相似的模式。接下来，我们以西部石龙子为例，介绍它从孵化到产卵的一个成长周期。

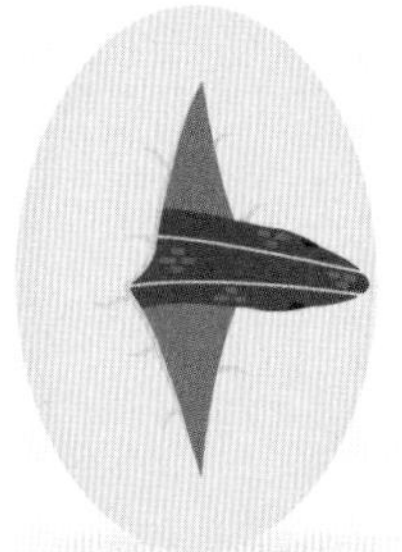

1. 胚胎期

西部石龙子和很多爬行动物一样，生命周期从卵中的胚胎开始。和鸡蛋不同的是，爬行动物的卵没有坚硬的外壳。它们的外皮像皮革一样柔软有弹性，而且能随着胚胎的生长而变大。还有些爬行动物像哺乳动物一样，属于胎生。

2. 孵化

胚胎将要孵化时，会用自己头部前方的卵齿来敲破卵壳。

3. 幼年期

爬行动物和人类不同，它们从卵里爬出来的那一刻，就已经完全能够照顾自己了。幼年期的爬行动物，很容易成为捕食者（有时候甚至是同类）的捕猎目标。所以，它们生来就能感知危险（并且知道如何躲避）。有些蜥蜴的卵，在感觉到危险临近时，甚至可以提前孵化。

6. 完成一个成长周期

从卵中孵化，再到产卵，这就完成了一个成长周期。卵中的新生命又会经历和父母类似的生长过程。

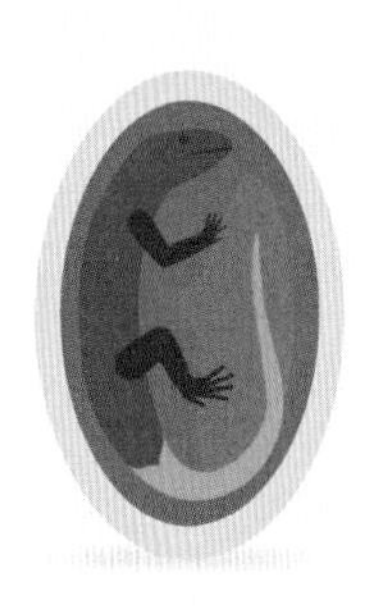

5. 产卵

雌性爬行动物会寻找一个安全舒适的地方产卵或生产幼崽。产卵的爬行动物会寻找一块温暖、松软的土地或沙地，利用下陷的地形打造一个安全的产房；或者，它们会修建一个窝巢，把卵保护起来。

4. 繁殖

爬行动物一旦进入成年期，就开始寻找配偶。合适的异性相遇后就会交配，但这之后，它们一般会选择分道扬镳。

蜥蜴

蜥蜴的种类在所有爬行动物中是最多的，有6400多种。

虽然每种蜥蜴都有自己的独特之处，但它们大部分都有4条腿（无腿蜥蜴除外）。它们可以自由走动、攀爬、游泳或进行其他各种活动。蜥蜴的身上还长着各种颜色的花纹。

海鬣（liè）蜥

生活在大海里的蜥蜴很少，海鬣蜥是其中一种。海鬣蜥是一种非常独特的爬行动物，它们只生活在加拉帕戈斯群岛。海鬣蜥以大海中的植物为食，它们能够潜入海水中寻找海草和海藻。

它们口鼻短粗、牙齿锋利，这对啃食礁石上的海藻或咬断海草非常有利。海鬣蜥屏气能力惊人，它们能够屏住呼吸长达一小时，并潜入海中20米的深处，寻找覆盖在海底礁石上的海藻。从海底重新回到海面后，它们通常会打几个喷嚏，从鼻孔排出体内多余的盐分。

海鬣蜥和同住在岛上的嘲鸫之间存在一种有趣的关系。海鬣蜥的头号天敌加岛鵟出来捕猎时，嘲鸫会发出一种特别的声音，给海鬣蜥示警。海鬣蜥能听懂这种声音，并快速退回到岩石底下或岩缝里躲藏起来。

壁虎

壁虎有1500多种，比蜥蜴目中的其他种类都多。它们的叫声听起来像“开口开口”，英文名因此就叫“gecko”。壁虎的生活方式独特有趣并且多种多样。多数种类的壁虎在遇到敌人时，可以断尾逃生；还有很多壁虎的脚趾非常黏，甚至能够粘在玻璃上。壁虎具有超常的色彩视觉，它们的眼睛对色彩的感受力比人眼强350多倍。

马达加斯加日行守宫

很多壁虎是夜行动物，但马达加斯加岛上却生活着一种白天活动的壁虎，名叫日行守宫。日行守宫和我们一样，白天活动，夜晚睡觉。马达加斯加日行守宫是最大的日行守宫之一。它们的体长能达到22厘米。白天，它们大部分时候喜欢在树林里攀爬，寻找昆虫和水果进食。

侏儒壁虎

和巨大的马达加斯加日行守宫相反，侏儒壁虎是世界上最小的壁虎之一。侏儒壁虎生活在热带雨林里，它们的体长只有 2 厘米多一点儿。这么小的身体很容易淹没在雨林的小水池中。不过，为了应付这种环境，侏儒壁虎进化出了一些特别的技能。比如，它们可以在水面上行走，这是因为它们身材短小，并且皮肤还可以防水。

豹纹守宫

豹纹守宫背上的花斑和豹子很像，这也是它们得名的原因。和大多数壁虎一样，豹纹守宫属于夜行动物，白天喜欢睡觉或者躲起来，夜晚外出觅食。豹纹守宫是地栖性动物，大多数时候它们选择待在森林里的地面上。

灵敏的眼睛

绝大部分壁虎都没有眼睑，所以它们不能眨眼。它们常舔舐眼睛，以保持眼睛湿润和清洁。夜行性壁虎具有极佳的夜视能力，就算在夜里，它们极度灵敏的眼睛也能看清周围的环境。

飞蜥

飞蜥可以在树与树之间滑翔，正因为具有这种高超的能力，它们才被命名为飞蜥。滑翔时，它们先伸开结构特殊的肋骨，再由伸开的肋骨撑开身上松垂的皮肤（这些皮肤平时收缩在身体两侧），展开的肋骨和皮肤连在一起，看起来就像翅膀一样。之后，它们从栖身的树上跳下，开始滑翔。滑翔时，飞蜥利用尾巴调整方向。因为森林的地面充满危险，飞蜥很容易成为捕食者的美餐。通过在树与树之间滑翔，飞蜥可以最大程度缩短在地面上的时间。此外，飞蜥还可以通过滑翔来觅食或吸引配偶。如果你正好身处东南亚地区的森林里，记得要抬起头才能看到它们。

科莫多龙

生活在印度尼西亚的科莫多龙，体长能达到3米，是地球上最大的蜥蜴种类。科莫多龙是威慑力极大的猎手。它们咬合力强大，尾巴可以当长鞭使用。如果你觉得这些还不够恐怖，那我告诉你，它们追捕猎物时，冲刺速度能达到约18千米/时！最近的研究发现，其实它们的唾液本身就是毒液，这是它们的又一个致命武器。科莫多龙一般结群捕猎，撕咬猎物的时候会注入毒液，因此它们可以捕食比自己体形大很多的动物，比如水牛。据说它们曾攻击过人类。

希拉毒蜥

世界上有毒的蜥蜴并不多，除了科莫多龙，希拉毒蜥也是其中一种。它们因为在希拉河盆地被发现而得名。希拉毒蜥比科莫多龙个头儿小得多，体长最大只有60厘米。希拉毒蜥也没有科莫多龙跑得快，它们行动迟缓，天性腼腆，也就是说它们不太可能和人类有所接触。捕猎时，希拉毒蜥会咬住猎物，释放毒液，毒液从牙沟进入唾液，接着流入猎物被咬破的伤口（这一点和蛇不同，毒蛇通过毒牙直接注射毒液）。这些毒蜥喜欢吃蛋，蛋的数量多、种类广，还容易获取。现在，你仍然可以在美国西南部和墨西哥西北部找到希拉毒蜥。

变色龙

地球上有200多种变色龙，其中几乎有一半都生活在马达加斯加岛上。变色龙是一种非常有趣的爬行动物，在捕食和躲避敌人方面，它们具有很多独特的方法和技能。

豹纹变色龙

豹纹变色龙的四肢经过特化，可以抓住树枝，在树上悄无声息地移动，豹纹变色龙因此成为一位出色的猎手。豹纹变色龙和大多数变色龙一样，拥有近360度的视角。它们的眼睛可以分别看不同的方向，侦察四周是否有猎物或敌人。

杰克森变色龙

雄性杰克森变色龙头上长着三只角，非常独特，因此很容易辨认。它们的角主要用来和其他雄性战斗，以及吸引配偶；同时也可以给人留下危险、不可侵犯的印象，以此吓跑一些潜在的捕食者。在必要的时候，它们还会用角保护自己。

高冠变色龙

和其他变色龙一样，高冠变色龙利用善于卷握的长尾卷住树枝，稳定身形。“善于卷握”意味着它们的尾巴可以自如移动并卷住东西。

长舌“导弹”

变色龙舌头上的肌肉高度特化，其杯状的尖端具有黏性。捕食时，变色龙可以把舌头发射出去，粘回猎物。从舌头伸出嘴到带猎物入口，整个过程只需要0.07秒。变色龙舌头的长度可以达到体长的1.5～2倍。

掩藏行踪

只要你观察过一只变色龙悄无声息地在树顶移动的过程，你就会注意到它那奇怪的移动方式。变色龙竭尽所能让自己的动作不那么引人注意。它们移动得非常缓慢，先是轻轻抬起一只脚，然后停下来轻微地前后摇晃，接着再走下一步。它们这样摇晃，是为了让叶子看起来像是风吹导致的晃动，以掩藏自己的行踪。这种蹑手蹑脚的移动方式，不仅有利于它们偷偷靠近猎物，还可以避免引起敌人的注意。

很多人以为，变色龙改变身体的颜色，是为了伪装自己以躲避天敌或进行捕猎。但是科学家最近发现，变色龙改变体色的原因不止这么简单。

伪装只是一个巧合

实际上，变色龙并不只是因为环境的变换而改变身体颜色，它们改变身体颜色的原因有很多。调节体温就是其中一个。变色龙会为了吸收更多的热量，把身体颜色变深；也会为了降低自己的体温，把身体颜色变浅。

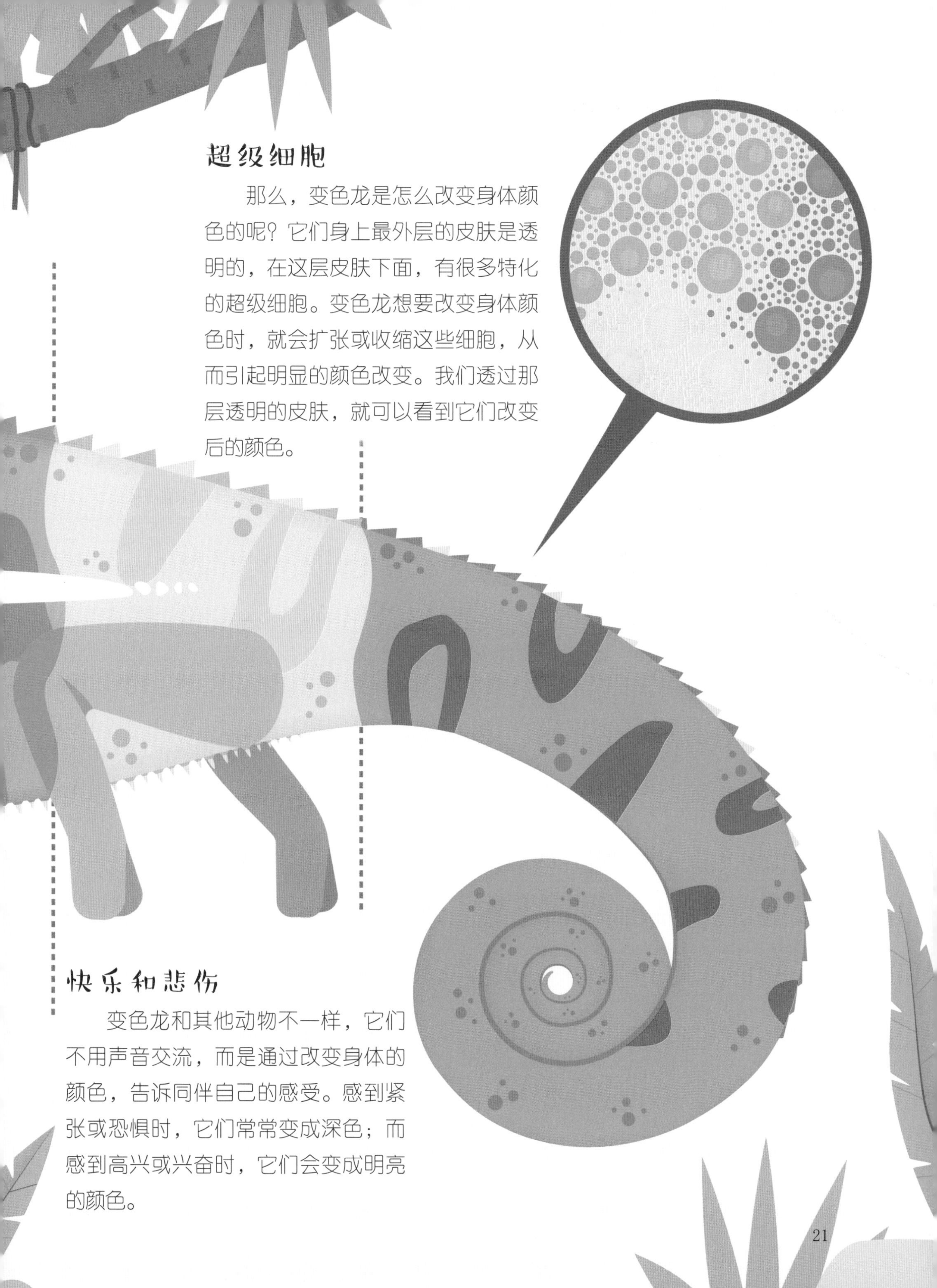

超级细胞

那么，变色龙是怎么改变身体颜色的呢？它们身上最外层的皮肤是透明的，在这层皮肤下面，有很多特化的超级细胞。变色龙想要改变身体颜色时，就会扩张或收缩这些细胞，从而引起明显的颜色改变。我们透过那层透明的皮肤，就可以看到它们改变后的颜色。

快乐和悲伤

变色龙和其他动物不一样，它们不用声音交流，而是通过改变身体的颜色，告诉同伴自己的感受。感到紧张或恐惧时，它们常常变成深色；而感到高兴或兴奋时，它们会变成明亮的颜色。

棘蜥

棘蜥生活在澳大利亚，它们浑身是刺，看起来非常吓人。不过它们的刺多用来自卫，而不是攻击。这些锋利的刺的作用是警告捕食者：棘蜥可没那么容易下口。棘蜥也捕食猎物——蚂蚁，但它们捕食的方式相当懒散。棘蜥会找到蚂蚁标记过的运食路径，然后，它们守株待兔，坐在那里等蚂蚁路过。

诱骗

要是有哪个不怕刺的捕食者想攻击一只棘蜥，棘蜥就会使出绝招儿。它会把头低下去，伸进两条前腿之间藏起来，露出背上一个圆圆的假头，诱骗捕食者。如果捕食者真的咬过来，这种方法可以保护真正的头部不受捕食者伤害。

不能太热也不能太冷

在炎热的夏天和寒冷的冬天，棘蜥都待在洞穴里。一般只有在春天和秋天，温度合适的时候，它们才会出来。爬出洞穴后，棘蜥像变色龙一样，会根据环境温度改变身体的颜色。天气较热时，它们会变成浅色，以便反射热辣的阳光。天气较冷时，它们则变成深色，以便从阳光中吸收更多热量。

斑帆蜥

斑帆蜥只生活在菲律宾。这种大型爬行动物体长近1米，相貌独特。树干和溪流是斑帆蜥的常驻地，它们自由自在地生活在浓密的热带丛林里。

潜水高手

斑帆蜥不喜欢冒险。一旦发现危险，它们会立刻从栖身的地方跳进最近的小溪，向溪流底部游去，直到确保岸上已经彻底安全，它们才会冒出水面。斑帆蜥一次最长可以在水中停留15分钟。

帆状尾

斑帆蜥的标志性特征是尾巴上长有大而高挺的帆状突起。雄性斑帆蜥在水里游动时，会利用尾巴上7厘米长的帆状突起推动自己的身体。同时，这种突起还能起到调节体温的作用。此外，它们还用这种帆状突起在自己的领地范围内示威，宣誓主权。

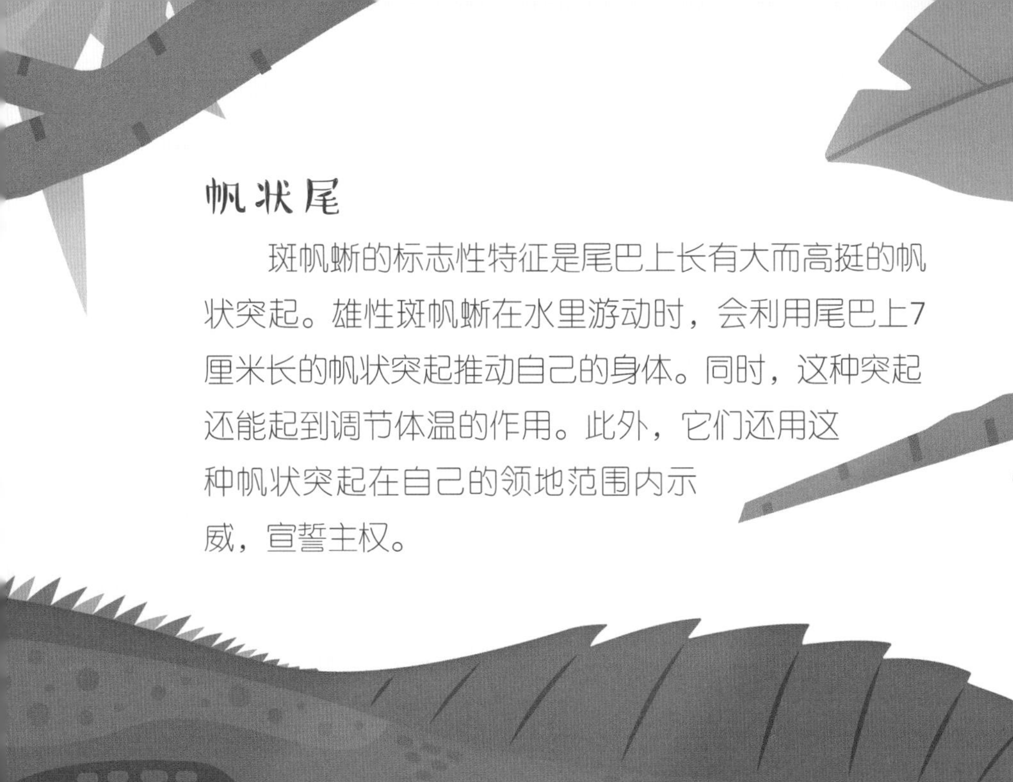

变色

有人曾看到斑帆蜥变成各种各样的颜色，包括绿色、棕色和黄色等。雄性斑帆蜥长大后，身体通常会变成一种特殊的蓝色。这种明亮的颜色有助于它们吸引潜在的配偶。

石龙子

石龙子是由身体圆润的蜥蜴组成的科。石龙子的主要特征包括外表光滑、皮肤闪光（像鱼一样）、四肢短小，它们像蛇一样移动，关键时候可以断尾逃生。

蓝宝石树石龙子

人们认为，颜色靓丽的蓝宝石树石龙子几乎完全树栖，也就是说，它们一生都生活在树上，几乎不下来。蓝宝石树石龙子会为自己选择喜欢的树，并在上面生活。它们以昆虫、水果和树叶为食。

西部三趾石龙子

西部三趾石龙子看起来非常像蛇，但它们其实是蜥蜴。西部三趾石龙子前后腿都非常小，每条腿上有三个脚趾。它们也因此得名。这样的腿脚当然不适合走路，所以，这种生活在混交林的灌木丛里的石龙子，像蛇一样蜿蜒前行。

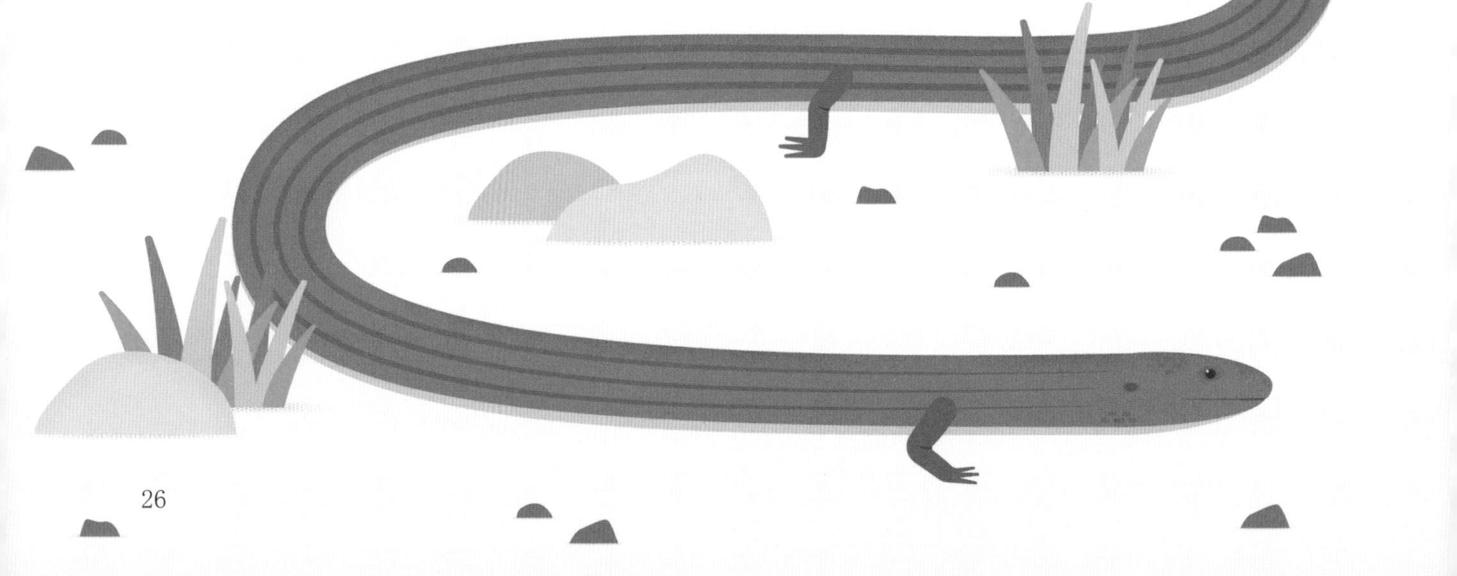

蓝舌石龙子

蓝舌石龙子最明显的特征，当然是它们的蓝色舌头。受到威胁时，蓝舌石龙子会伸出舌头，再加上自己的大头，以期吓跑潜在的敌人。这种蜥蜴求生的欲望非常强烈，为了逃生，甚至可以咬断自己的尾巴。

砂鱼蜥

这种蜥蜴在撒哈拉沙漠里移动时，看起来就像在沙子里游泳。这也是它们得名的原因。它们身体光滑，口鼻部像铲子一样尖长，这样的特征利于在柔软的沙地挖洞和移动。砂鱼蜥在沙地里游动时，将四肢扁平地放在身体两侧，主要利用躯干移动。为了更好地适应沙地生活，避免沙子进入鼻孔和耳道，它们还特化出了细窄的鼻孔和耳道口。

超级蜥蜴

为了在艰苦的环境里生存，爬行动物进化出了一些非常独特且具有创意的生活方式。在这方面，蜥蜴更是独树一帜。让我们一起去看看蜥蜴世界里那些技能怪异、特化度高、适应能力强的超级蜥蜴吧！

犰狳环尾蜥

犰狳环尾蜥身上的硬鳞片像盔甲一样。遇到危险时，它们可以咬住自己的尾巴，缩起四肢，蜷成一个硬球，保护柔软的腹部，只留给敌人坚硬多刺的外壳。这种蜷成球的行为很像哺乳动物犰狳，它们也因此得名“犰狳环尾蜥”。

蛇怪蜥蜴

蛇怪蜥蜴拥有一种不可思议的能力——“水上漂”，它们能利用这种能力甩掉敌人。一旦察觉到危险，蛇怪蜥蜴会从树上跳进附近的小溪，并从水面上逃跑。当蛇怪蜥蜴奔跑时，脚底下可以产生容纳空气的洞。这样，它们脚底边缘的条纹可以暂时携带空气，防止身体下沉。

伞蜥

伞蜥脖子上有一圈颜色鲜亮的伞状领圈皮膜，它们也因此得名。遇到危险时，它们会张开颈伞，一边往前走，一边大声嘶叫，看上去威慑力十足。如果没吓到敌人，它们会转身往最近的树上逃跑。

东方树蜥

东方树蜥可以变成各种颜色，也因此被叫成“变色蜥”。在繁殖期，雄性东方树蜥的上半身会变成深红色。这种颜色的改变可以帮助它们吸引配偶。

红眼鳄蜥

这种蜥蜴的眼睛周围有橘红色的大眼圈，看起来就像两只橘红色的眼睛。红眼鳄蜥皮肤上的鳞片像鳄类的一样粗糙坚硬。这些特征综合起来就是它们得名的原因。

遇险呼号

红眼鳄蜥具有一种蜥蜴群体中少见的特殊技能——喊叫。遇到危险时，它们会发出尖锐的号叫，用来示警。

雨林之家

红眼鳄蜥体形相对较小，体长为16～20厘米。虽然身体不大，它们的头却不小，而且头部有坚硬的盔甲保护。在新几内亚岛和印度尼西亚岛的热带雨林里，红眼鳄蜥把家安在植物丛和掉落的树枝堆里。

神秘的外表

红眼鳄蜥夺目的红眼圈和后背上的棘状鳞片构成了它们独特的外表。红眼鳄蜥后背上四排锥形的鳞片从脖子一直延伸到尾巴末端，这使它们看起来非常像恐龙。

蛇

蛇是一种以滑行替代走路的肉食性爬行动物。不要天真地以为蛇没有四肢是一种缺憾。在追捕猎物和躲避敌人方面，蛇类进化出了令人难以置信的独特方式。有些蛇有毒，有些蛇非常强壮，并且多数蛇类都擅长伪装。全世界的蛇类加起来有3600多种。除了南极洲外，地球上的每块陆地上都有蛇的身影。

奇怪的感官

蛇身上排列的鳞片光滑而干燥。它们有鼻孔可供呼吸，但是闻不到气味。它们用分叉的舌头“嗅闻”周围的气味。蛇没有耳朵，它们通过接触地面感受震动。

细鳞太攀蛇

生活在澳大利亚的细鳞太攀蛇是世界上最毒的蛇。这种毒蛇咬一口所含的毒液可以毒死100多个成年人或者25万只老鼠。

好在它们天性害羞，喜欢隐居，遇到人时更愿意避开，一般不会主动攻击。它们的蛇毒专门用来捕食。它们主要以小型啮齿类哺乳动物为食。

翡翠树蚺

南美洲北部茂密的雨林是翡翠树蚺的家园。白天，它们大部分时间在树上休息。到了夜晚，它们就开始出动，捕食小型哺乳动物和鸟类。

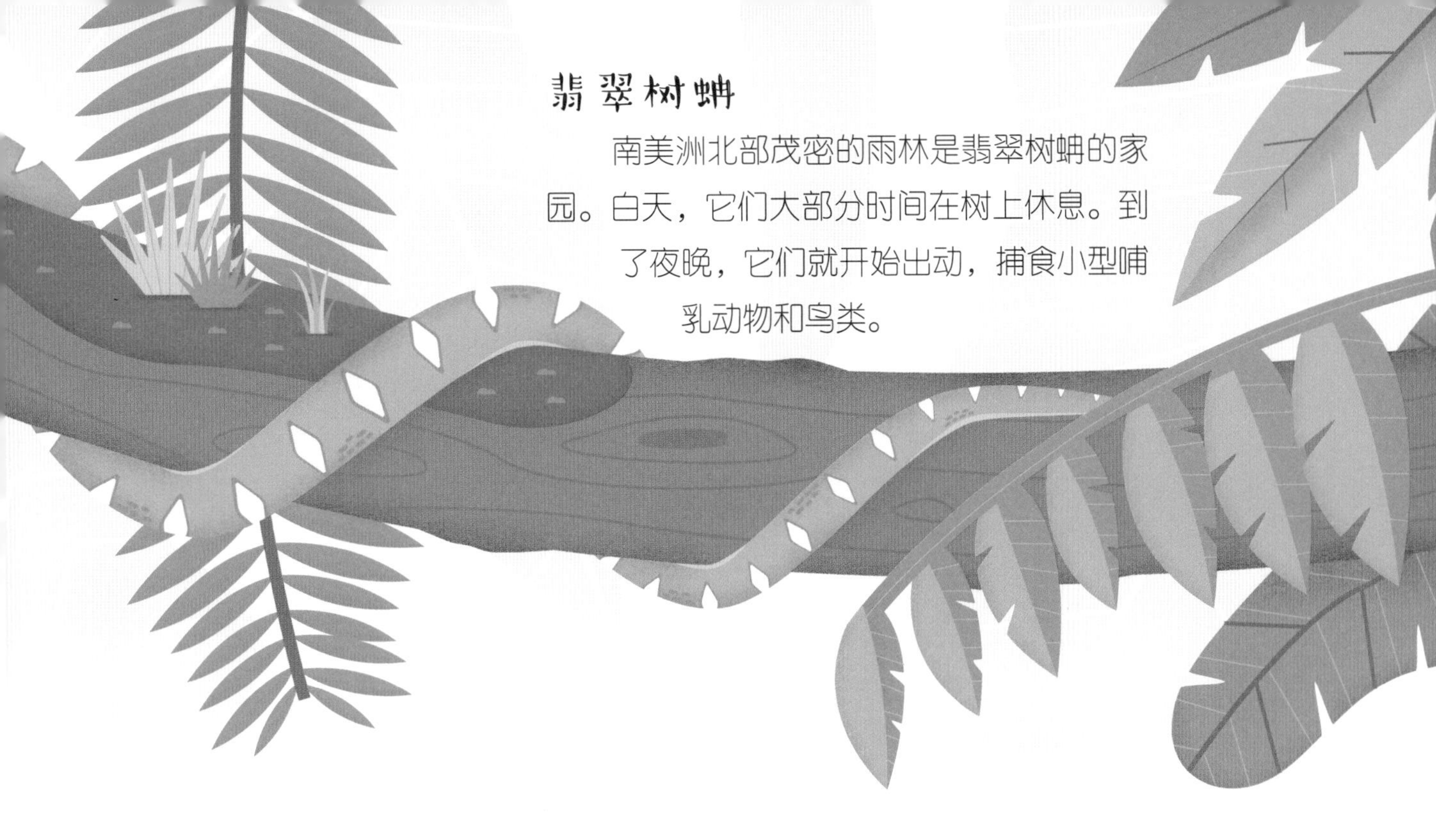

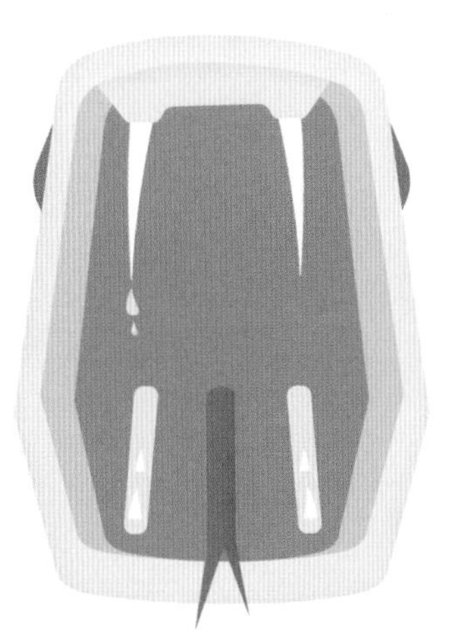

毒牙和毒液

大部分蛇都有牙齿，但只有毒蛇才有毒牙。毒牙和位于毒蛇头后方的毒囊相连。毒牙内部是空的，可以让毒液流入。毒蛇开咬后，毒液就从囊里流经毒牙，从伤口注入猎物的身体。

海蛇

从印度洋到太平洋温暖的沿海水域中，生活着海蛇（绝大多数有剧毒）。这种蛇早已适应水中的生活。它们尾巴扁平，有助于游动；鼻孔里有瓣膜，在水下时可以关闭，避免水流进入鼻腔。渔民在捕捞时，一旦海蛇误入渔网，将大大增加渔民被咬伤的可能。

珊瑚蛇和奶蛇

珊瑚蛇对猎物有致命危险，奶蛇温和无害，但是，你能准确分辨出它们吗？

朋友还是敌人？

有一句俗语是这样说的：“红接黄，杀人强；红接黑，不必畏。”以前人们就根据这句话来区分剧毒的珊瑚蛇和无毒的奶蛇。俗语中的红、黄、黑，指的是这两种蛇身上环带的颜色。

奶蛇

奶蛇和珊瑚蛇不同，它们完全无害。看到奶蛇的名字，你可能以为它们喜欢喝牛奶，但其实根本不是这样。它们以啮齿类动物和蜥蜴等小型动物为食。因为没有毒液可用，奶蛇在囫囵吞下猎物前，会紧紧勒住猎物。

珊瑚蛇

　　珊瑚蛇虽然携带致命剧毒，但它们生性腼腆，喜欢隐居，不愿意和人离得太近。它们一般只有受到威胁或被踩到了才会发动攻击。不幸中的万幸，这种蛇的毒液要过好几个小时才会对人产生作用。也就是说，如果被珊瑚蛇咬到了，你有充足的时间寻求抗毒治疗。

模仿者

　　奶蛇在长期的进化过程中，模仿了剧毒珊瑚蛇身上明亮的警告色。这种生态适应现象叫拟态。奶蛇身上这种鲜亮的颜色意在迷惑潜在的捕食者，让它们把无毒的奶蛇误认成剧毒的珊瑚蛇。

眼镜蛇

眼镜蛇膨胀着颈部直立起上半身的姿势让人印象深刻。它们的蛇毒会损伤受害者的神经系统。被咬的人必须及时治疗，才能保命。世界上很多人都害怕这种剧毒的蛇类。

眼镜王蛇

很多人都知道，受到威胁时，眼镜王蛇会变成地球上最凶猛可怕的一种蛇。它们是体长最长的毒蛇，最长能达到5.8米。这样的长度意味着，它们直立起上半身时，可以轻易地正视一个成年人。它们奋力一咬产生的毒液足以杀死一头大象。

要是这样你还不害怕，那它们还可以一边直立着上半身朝前移动，一边发出愤怒的咝咝声，甚至还会发动攻击。不过，眼镜王蛇不喜欢这种正面对抗，只要有机会，它们更愿意溜走，躲藏起来。

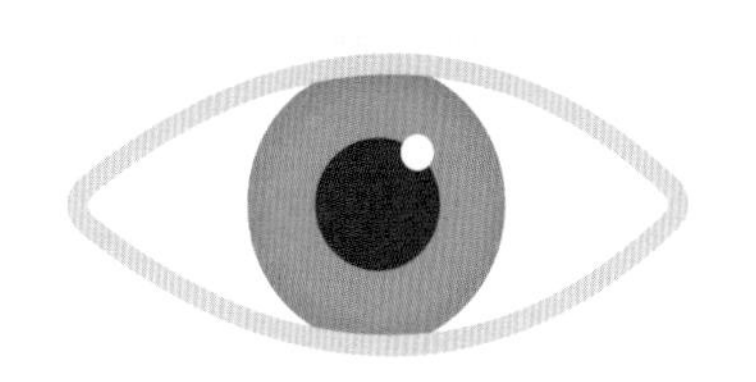

喷毒眼镜蛇

喷毒眼镜蛇为了赶走潜在的捕食者，进化出了一种恐怖的新方法。就像它们的名字所描述的那样，喷毒眼镜蛇可以瞄准捕食者的脸，特别是眼睛，从毒牙直接射出毒液。它们可以把蛇毒准确地射入远在2米外的捕食者的眼睛里，让捕食者暂时失明。

古埃及神的代表物

埃及眼镜蛇在埃及历史里有着深刻而丰富的文化内涵。眼镜蛇曾是古埃及的蛇形女神瓦杰特的代表物，这种象征通常作为装饰出现在法老（古埃及执政的国王）的王冠上。

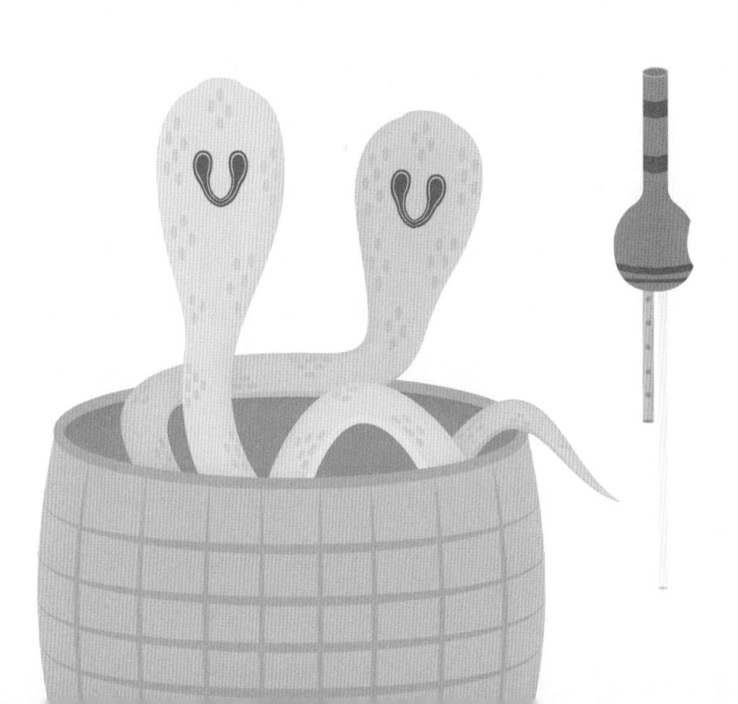

靠听还是靠看？

印度眼镜蛇经常被街头耍蛇艺人拿来表演。不过，这种蛇根本没有外耳，所以不管笛子吹出来的是什么音乐，它们都会表现出被吸引的样子。真实原因是，眼镜蛇看到笛子，误以为那是一种威胁，所以直立起上半身，做出防卫的姿势，企图吓跑它。

网纹蟒

严格来说，网纹蟒的体重在蛇类中不是世界上最重的，但它们的体长却是其中最长的。你可以在亚洲的雨林或森林里，看到这些巨蛇在溪水里蠕动。

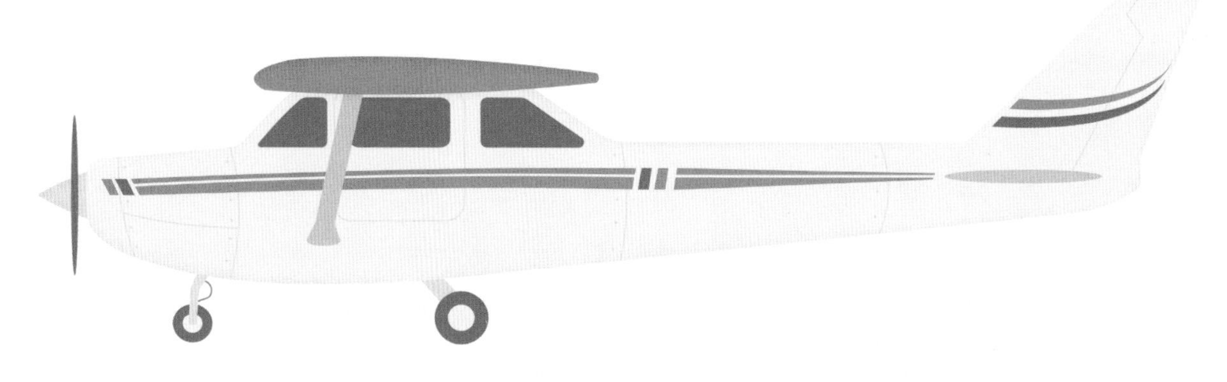

网纹

网纹蟒体表的鳞片上有一块一块的网格状的花纹，这也是它们名字的来源。这种网纹是一种伪装，可以让网纹蟒融入周围的环境，对它们伏击猎物非常有利。

到底有多长？

已知最长的网纹蟒长达7.3米。这是多长呢？一架小型飞机大概就是这么长。网纹蟒孵化时就大概有60厘米长，在接下来的两到三年里，它们飞速成长，有时候一年增长的长度抵得上一个发育健全的成人的身高。

一顿大餐

这么长的蛇需要很多食物才能吃饱。网纹蟒和其他蟒蛇一样，会缠裹猎物。也就是说，它们会使劲缠绕在猎物身上，把空气一点儿一点儿地从被缠住的猎物的肺里挤出来。它们体形硕大，因此可以捕食野猪、雄鹿等大型哺乳动物。和多数缠裹猎物捕食的蛇类一样，网纹蟒也是将猎物整个吞下，然后在庞大的胃里慢慢消化干净。网纹蟒吃一顿大餐，可以维持数周甚至数月不进食。

食卵蛇

吃鸟蛋的蛇有好几种，但食卵蛇比较特殊，因为它们除了鸟蛋，什么都不吃。食卵蛇吃很多种鸟蛋，但它们最喜欢的是织巢鸟的蛋。织巢鸟会为自己的蛋精心编织一个鸟巢，悬挂在树上。织巢鸟离开鸟巢出去觅食或者寻找更多织巢材料时，它们的巢就会失去保护。食卵蛇就利用这个机会乘虚而入，吞下鸟蛋。

食卵蛇身上的每一部分都适应了这种难以下咽的食物。和其他蛇类一样，食卵蛇的颌很灵活，可以张得很开，甚至能包住一个比它自己的头还大的蛋。食卵蛇把蛋整个吞下，送进食道，再由食道里的骨质突出物，把蛋捣碎。待蛋液完全消化后，食卵蛇再把蛋壳吐出来。

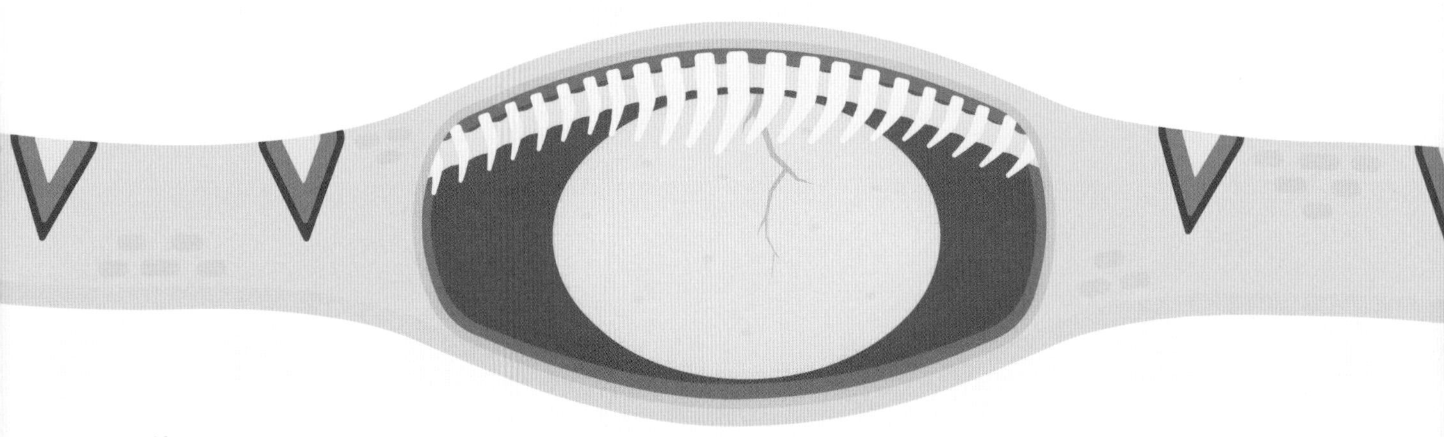

蝰蛇

蝰蛇是一种毒蛇，它们的长毒牙与上颚之间有关节，不用时可以收起，平放在上腭。蝰蛇一般头部扁平，身体较粗。这些蛇的身影几乎遍布全球，它们既能生活在地面，也能生活在树上，有卵生的，也有卵胎生的，是世界上少见的全能选手。

角蝰

角蝰生活在沙漠里。在它们双眼上方，有一对像角一样竖起来的刺状鳞片，这也是它们得名的原因。这对角虽然看起来颇具威胁性，但其实角蝰并不用它们来进行攻击。这对角的真正作用是帮眼睛阻挡风沙。

角蝰左右摇晃着朝前扭动，并把自己部分身体埋在沙漠的砂石里。这样半隐半现的姿势，可以让它们在热辣的沙漠阳光下保持身体凉爽，还可以躲开捕食者的视线，伏击毫无察觉的猎物。

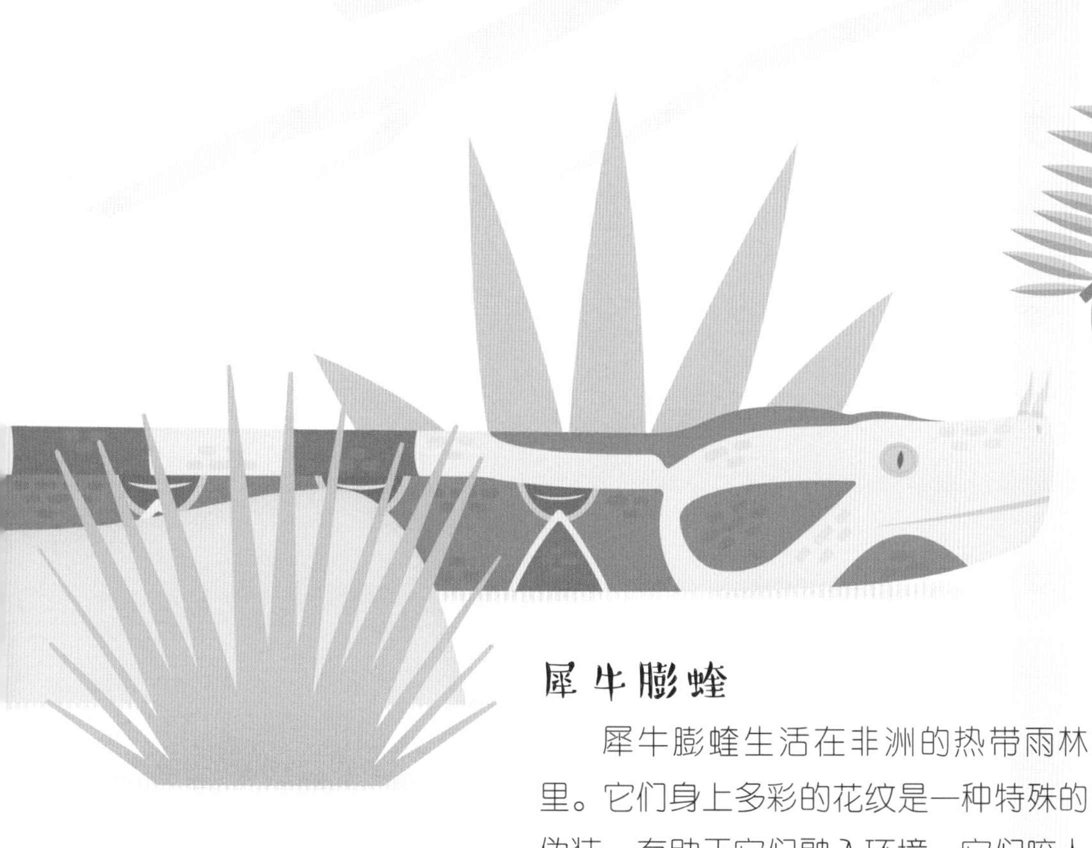

犀牛膨蝰

犀牛膨蝰生活在非洲的热带雨林里。它们身上多彩的花纹是一种特殊的伪装，有助于它们融入环境。它们咬人的时候动作迅速，且毒性发作很快。因此，犀牛膨蝰在非洲被认为是最危险的蛇类之一。

极北蝰

人们在英国只发现了极北蝰这一种毒蛇。它们具有高度发达的毒液传送系统，不过只有在受到攻击或极度挑衅时，它们才会开咬。极北蝰在靠近平地的森林边缘筑窝。这样的地方既能晒到太阳，又有躲藏所需的庇护所。它们也经常躲在金属片下面，因为这里既隐蔽，又能在有太阳的时候变得很暖和。

巨森蚺

巨森蚺是世界上最大最重的蛇。虽然比它们的亲戚网纹蟒稍微短一点儿，但巨森蚺要粗很多，重达97千克，几乎是网纹蟒的两倍重。

大胃王

这么大的蛇，胃口也很大。巨森蚺没有毒，它们靠缠裹捕食。也就是说，它们以自己硕大的身躯缠绕猎物，压死猎物，接着再整个吞下猎物。它们的猎物可能是野猪、鹿、凯门鳄，甚至美洲豹。巨森蚺吃一顿大餐后，可以数周或数月不进食。

沼泽地

巨森蚺体形巨大，在陆地上举步维艰。因此，它们喜欢待在沼泽地和水流缓慢的溪流里，它们几乎能全身泡进水里。这种方式也是一种绝佳的藏身法，对它们伏击猎物非常有利。

钩盲蛇

钩盲蛇看起来像一条蚯蚓，行为也像蚯蚓。它们几乎终身待在地底下，只在温暖月份的夜里爬上地面。

落叶林

钩盲蛇喜欢生活在潮湿的落叶林里。在干旱的季节，它们会钻往更深的地底，寻找潮湿的土壤，它们只有在潮湿的地方才能生存。

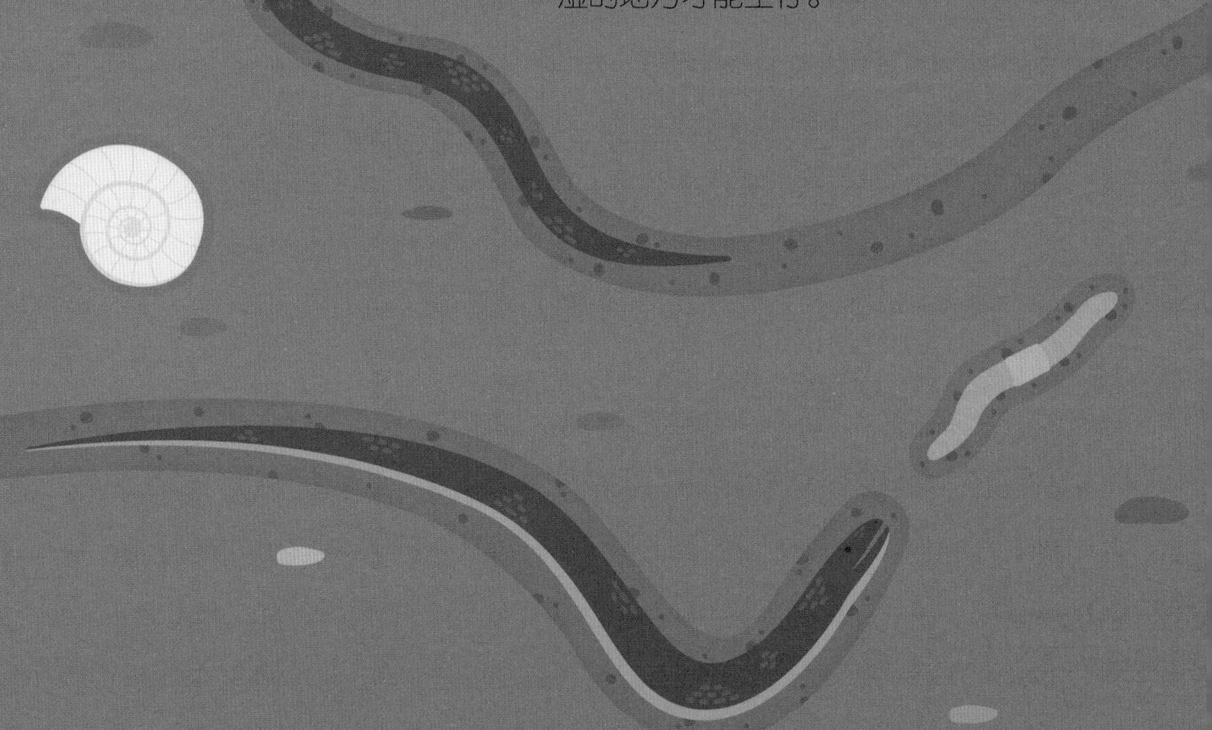

罕见

这种蛇很少钻出地面，它们大部分时间躲在烂木头里，或者岩石和落叶的下面。在地面上时，它们会一直企图藏起踪迹，因为它们很容易成为大部分捕食者的美餐。

猎物

虽然它们的外表和行为都和蚯蚓很像，但蚯蚓却是它们的主要食物。一旦捉到一条蚯蚓，它们会整个生吞下去。要是找不到蚯蚓，它们偶尔也会吃蛞蝓或一些软体昆虫。

尖鳞

钩盲蛇几乎永远不会发起主动攻击。它们遇到捕食者的第一反应是逃跑或钻进土里。要是没跑掉，它们会将尾巴上的尖鳞刺向捕食者。

鳞片

爬行动物都有鳞片。和人的皮肤不同，这些鳞片具有独特的功能，能帮助它们适应生存环境。

指甲还是鳞片？

爬行动物的鳞片由一种叫角蛋白（构成人类头发及指甲的也是这种东西）的坚韧物质构成。这种角蛋白鳞片可以帮助爬行动物抵挡像树枝和石头这些尖锐物体的伤害，还可以起到防水的作用。

特化鳞片

许多爬行动物的鳞片已经特化为专门适应它们的生存环境的形态。有些壁虎的鳞片特化成趾垫，可以让它们在爬行时抓得更牢。依靠这些鳞片的黏性，这些壁虎甚至可以倒挂起来。与壁虎不同，蛇腹部的鳞片扁平顺滑，这让它们在高低不平的地面也能顺利前行。

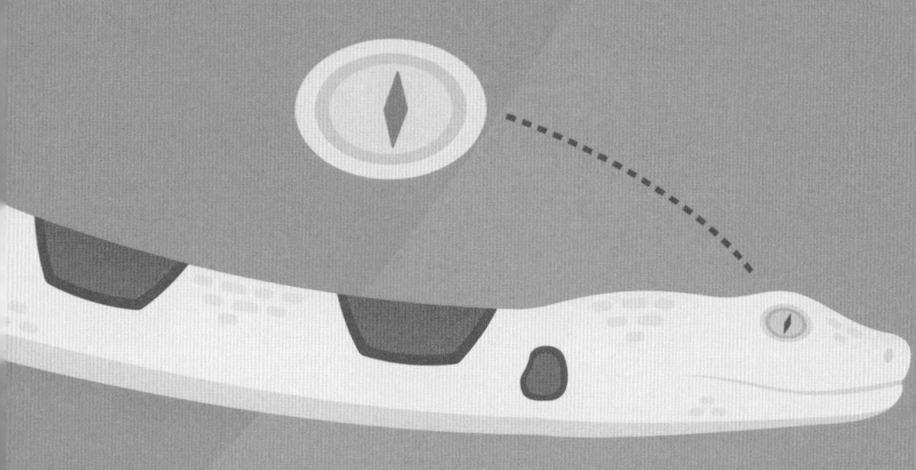

瞬膜

和人类不同，多数爬行动物的眼睛没有眼睑。它们的眼睛外面有一层透明的薄膜，叫瞬膜。如果没有这层薄膜，爬行动物的眼睛很容易受伤或感染。

“黏滑”的鳞片

蛇的鳞片并不像大家以为的那样黏滑。蛇身上的鳞片紧密连接在一起，形成了一种看起来软软滑滑的纹理。这些鳞片实际上起到了给身体保湿的作用。在炎热的沙漠里，这些鳞片能帮蛇留住身体所需的大部分水分。

蜕皮

大多数爬行动物在成长过程中都会蜕皮，蜕掉代谢的鳞片，同时也蜕掉上面的寄生虫。蜥蜴蜕皮的时候是一点儿一点儿地慢慢蜕，每次蜕掉一小片。而蛇不一样，蛇会定期一次性蜕掉整张皮，留下一条蛇形的空皮。

陆龟和海龟

大多数陆龟和海龟背上都有一个屋顶似的大壳，很好辨认。构成龟壳的物质（角蛋白）虽然和人的头发一样，但龟壳里密布着神经细胞，头发里却没有。也就是说，陆龟和海龟能感觉到自己每一处龟壳的状况。海龟几乎终身生活在水里，而大部分陆龟甚至连游泳都不会。这些长着大壳的龟大多性情温和，其中有一些是地球上最长寿的爬行动物。目前已知的陆龟和海龟只有350种。

陆龟

按照分类，陆龟是一种生活在陆地上的龟。陆龟和大部分海龟不同，它们一般不会游泳，而且属于植食性动物，也就是说，它们只吃植物。

马拉松冠军

陆龟以速度慢出名，但它们能缓慢而稳定地前行，具有赢得马拉松冠军的潜质。尽管它们体形不小，但每天仍能不费劲地长途行走。

龟壳的保护

感到危险时，陆龟有一套令人称奇的自我保护方法：它们能把头和四肢都缩进龟壳。对于任何想吃龟肉的捕食者来说，石头一样坚硬的龟壳都是一道难以攻克的防线。

外骨骼和内骨骼

大多数动物要么只有外骨骼，要么只有内骨骼。但陆龟却同时拥有外骨骼和内骨骼。它们的内骨骼包括腿骨、肋骨和脊柱；而外骨骼由皮肤外面的硬壳形成。

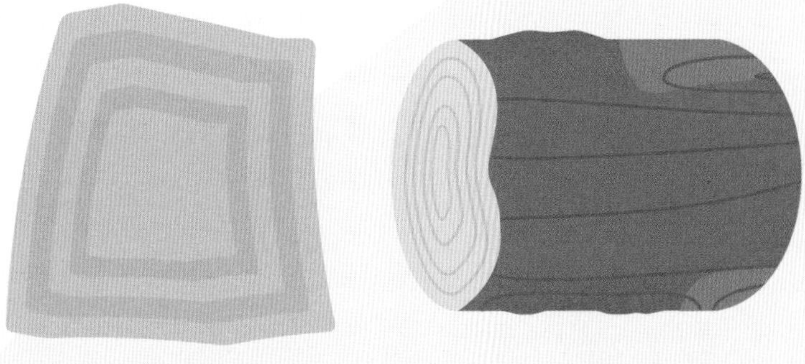

陆龟的年龄

构成陆龟龟壳的物质是角蛋白，和构成你的手指甲的物质一样。观察龟壳可以得到一些信息：龟壳和树干的横切面一样，上面有一圈圈的圆环，通过这些圆环可以看出陆龟的年龄。

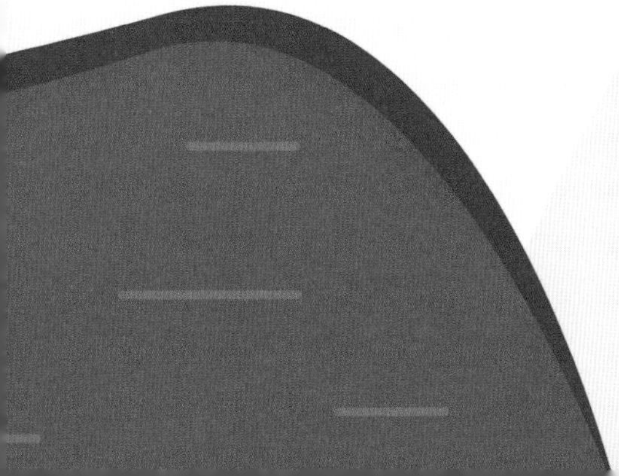

巨型陆龟

人们用“巨型陆龟”这个词形容体形庞大的陆龟。这种巨型陆龟包括两大类，其中一大类是加拉帕戈斯象龟，另一大类是亚达伯拉象龟。这两类陆龟下面又分许多小的种类。这些巨龟是地球上现存最长寿的物种之一。据记录，有一只巨龟活到了152岁。这些体形庞大的龟每天要睡大概16个小时，所以一成不变、每日缓慢移动的悠闲方式非常适合它们。不睡觉的时候，这些巨龟就啃食草和仙人掌。它们还有一项惊人的本领，那就是在必要时，它们可以不吃不喝过一年。因为它们会在体内储存部分能量和水以备应急使用。

这些龟非常适应野外环境，但由于现在受到人类活动的干扰，以及需要和农场动物争食物，它们很不幸成了濒危物种。目前野生巨龟仅剩15,000只。好在厄瓜多尔政府开始严格保护加拉帕戈斯象龟，它们的数量有望提升上去。

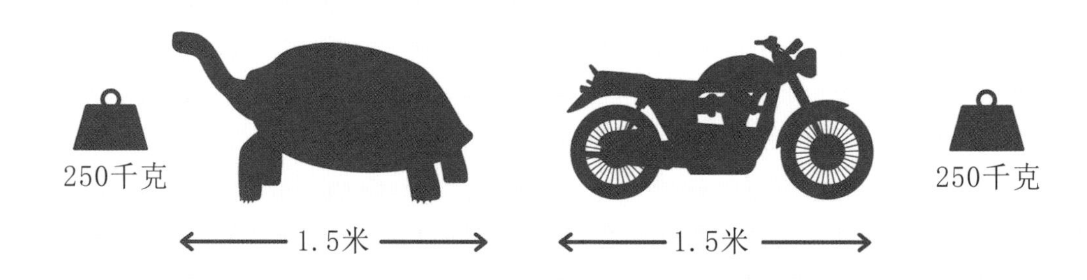

这些巨龟的体重能达到250千克，体长能达到1.5米，它们的体形大小和体重可以轻轻松松赶上一辆中等摩托车。不过骑着摩托车从一个地方到另一个地方，要比它们快多了。

棱皮龟

棱皮龟是最大的海龟。它们背上有一层柔软的革质龟壳，身上有一道一道的棱线，因此被称为棱皮龟。大多数海龟的龟壳是坚硬的骨质壳，但棱皮龟的龟壳较柔软，具有弹性。

进食

棱皮龟主要以水母为食。一般水母营养价值不高，所以一只棱皮龟一天要吃掉大量的水母，才能维持自身所需。海里漂浮的塑料袋很容易被棱皮龟误认成水母，因此，人们经常能发现棱皮龟因为误食塑料袋而死亡的案例。为了避免这样的事情发生，我们应该确保塑料袋的回收，而不是随意扔掉它们。

远渡重洋

棱皮龟是游泳健将，擅长远游，有时能游到6400千米以外的地方。在进行长途迁徙时，棱皮龟身上的棱线可以帮它们保存能量。

同行伙伴

经常能看到䲟（yìn）鱼（也叫吸盘鱼）和棱皮龟同行。䲟鱼和棱皮龟之间是一种互帮互助的关系。䲟鱼帮棱皮龟清理身上的死皮、水藻和寄生虫，同时这些东西也是䲟鱼的免费大餐。

海龟产卵

海龟通常会回到自己出生的海滩产卵，以保证小海龟能像大海龟一样拥有最好的生存机会。

冒出卵壳的小海龟

同一个沙滩上的海龟卵几乎都同时孵化。成百上千的小海龟一只一只从卵壳里冒出脑袋，这情景真像是一锅沸腾的水在不断冒着气泡。

数量多的好处

小海龟同时孵化有进化方面的原因。从海滩上的龟巢爬到海里，是海龟一生中最危险的时候。成百上千的小海龟一起往前爬，即使遇到捕食者，仍然会有幸存下来的。这种方法可以确保海龟种族的延续。

巨大的龟巢

雌海龟能连续三个小时挖巢，而不需要休息。等到它对自己的巢满意了，就会在里面产下多达200颗卵。有趣的是，小海龟的性别是由沙滩的温度来决定的。温度较低的时候，会孵化出较多的雄海龟；温度较高的时候，会孵化出较多的雌海龟。

游泳狂龟

最终逃过捕食者的攻击、游到大海的幸运小海龟会变成“游泳狂龟”。为了赶快游到安全的地方，躲开沙滩上密集的捕食者，小海龟会竭尽全力疯狂地游动。

绿海龟

海龟共有七种，都属于濒危动物。绿海龟是其中一种。绿海龟头顶和鳍肢上方都是绿色，因此得名。也有很多资料表明：绿海龟因体内的脂肪为绿色而得名。

冒出水面呼吸

绿海龟虽然生活在水里，但不能像鱼一样，用鳃从水里吸取氧气。它们必须游到水面，深呼吸一口，再潜游下去。

超强记忆力

雌性绿海龟从它们捕食的地方游到产卵的海滩，要经过长途迁徙。令人惊讶的是，它们选择产卵的海滩，往往是它们自己十多年前孵化出生的地方。

素食主义

成年绿海龟主要以植物为食。它们吃各种水生植物，比如海草、海藻等。和成年绿海龟不同，刚孵化的小绿海龟是杂食动物，也就是说，它们既吃草也吃肉，小螃蟹和水母是它们的最爱。

阳光海域

绿海龟终身生活在热带和亚热带海域。和所有爬行动物一样，绿海龟也是冷血动物，需要阳光温暖自己的身体。为了达到这个目的，它们通常在水面游动，有时候也会到岸上晒太阳。

拟鳄龟

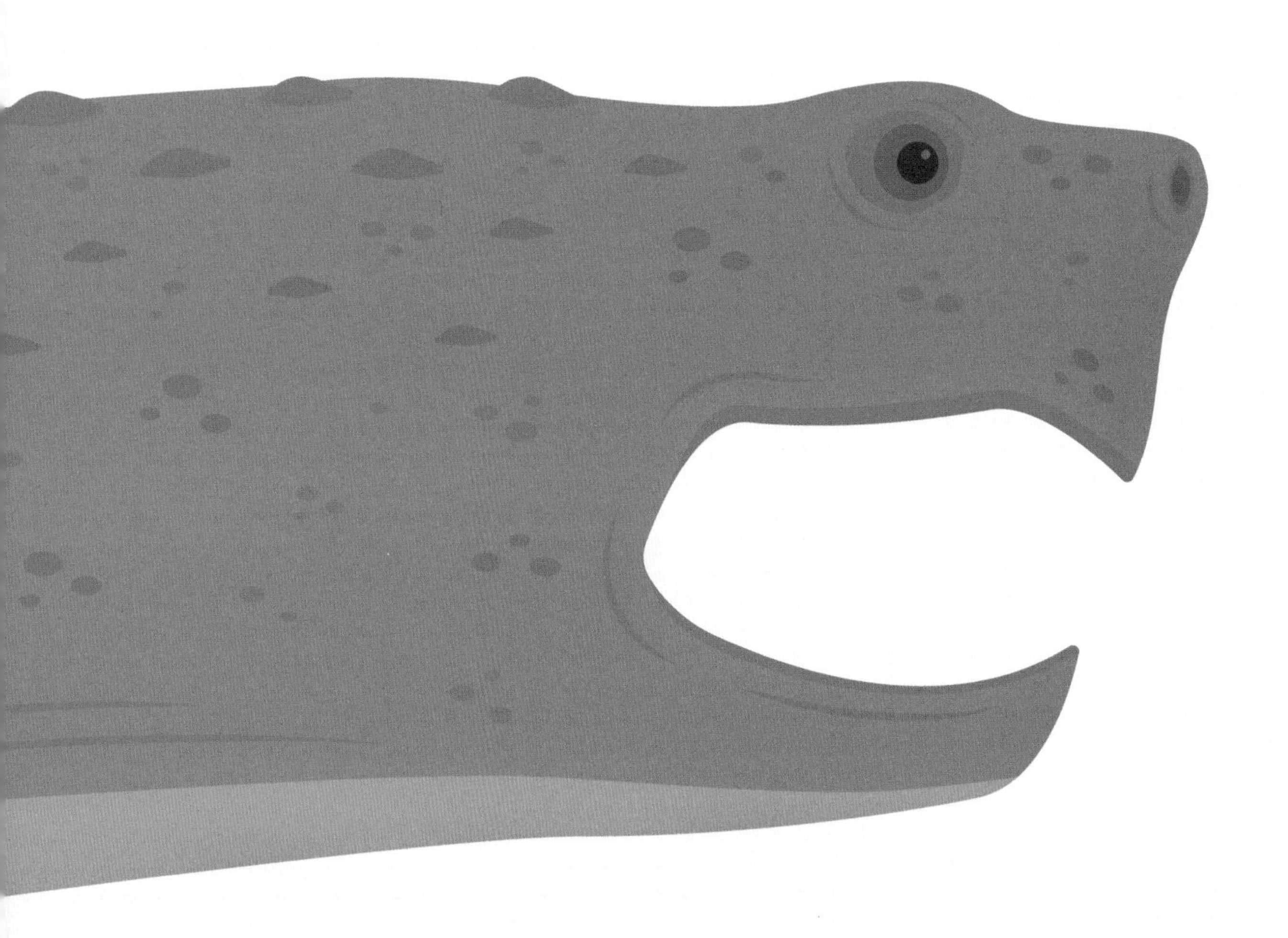

拟鳄龟属于淡水龟。它们大部分时间藏身在河流底下的沉积物里，或者较深的池塘底部和湖底。这些龟是杂食动物，既吃动物又吃植物。它们到底吃什么，取决于进食的时候可以找到什么。昆虫、鱼、青蛙还有一些小型哺乳动物，以及各种各样的水生植物，都是它们的食物。处于不同的环境，拟鳄龟的行为表现可能完全不同。如果你在水里遇到一只拟鳄龟，它很可能会游走躲起来。但你要是在陆地上遇到它，就要小心了，它会变得很有攻击性。它们拥有像鸟喙一样的尖尖的口鼻部，咬合力惊人，你绝不会希望被它们咬一下手指。

鳄和短吻鳄

鳄和短吻鳄都属于爬行动物中鳄目的成员。这个目包括了世界上一些最大、最危险的爬行动物。这些披着厚鳞片的动物，尾巴长而有力，是出色的游泳健将，同时也是凶猛的捕食者。鳄目出现的时间比恐龙还早，它们中的一些已经成为如今最凶恶的爬行动物之一。已知的鳄目只有24种，一百多年来，还未有人发现过新的物种。

咸水鳄

咸水鳄在澳大利亚被亲切地称为“小咸咸”，它们是世界上现存最大的爬行动物。咸水鳄身长约5～7米，比有些小型汽车还长。在西太平洋沿岸和东印度洋沿岸的很多地方，都能看到咸水鳄的身影。不过它们的主要栖息地是印度东部、东南亚地区和澳大利亚北部。咸水鳄是世界上分布范围最广的鳄类。它们栖身的地方包括沼泽、湿地及河口。不过，它们有时也会凭借出色的游泳技能游到大海里。

只要嘴巴咬得下，咸水鳄几乎什么都吃。通常，它们的食物包括牛、蟹、龟和其他一些倒霉的哺乳动物。虽然咬合力惊人，但它们会很温柔地用嘴巴托起刚孵化的小咸水鳄，把它们从一个地方安全地转移到另一个地方。

令人惊讶的是，咸水鳄会故意吞食石块。这虽然听起来疯狂，但其实是有原因的。石块可以帮助咸水鳄磨碎胃里的食物，还可以帮它们沉入水里。

咸水恶魔

咸水鳄可以说是地球上最危险的爬行动物。对于任何进入它们领地的人或动物，它们都极具攻击性，并且能够从水中发出猛烈一击。

保持纪录

咸水鳄不仅是现存体形最大的爬行动物，它们还有另一项更可怕的能力。咸水鳄的咬合力惊人，是所有纪录中咬合力最强的动物，它们的咬合力能达到约每平方厘米2550牛顿。你想想看，人的平均咬合力只有每平方厘米186牛顿左右，狮子或老虎可以达到约每平方厘米689牛顿，这样的咬合力已经能咬碎很多东西了。而咸水鳄的咬合力几乎是狮子或老虎的4倍。这样不可思议的咬合力，意味着一旦被它们布满牙齿的大嘴咬住，几乎没有逃跑的可能。

“鳄鱼的眼泪”

“鳄鱼的眼泪”常用来比喻虚伪的同情或假装的悔过。大家都知道，鳄和短吻鳄进食时会流眼泪。目前科学家还不能确切地知道这是为什么，但他们很肯定，这绝不是因为鳄和短吻鳄在同情或悔过。

淡水鳄

和巨大的咸水鳄不一样，淡水鳄体形稍小，一般体长约有3米。听名字你就知道，淡水鳄喜欢生活在淡水里。它们在澳大利亚北部的淡水河流和溪流里生活。

比较友好的鳄

淡水鳄不像它们的亲戚咸水鳄，它们对人类的攻击性要小得多。虽然它们也有一口锋利的牙齿，但它们只有在感到危险或受到威胁时才会发动攻击。

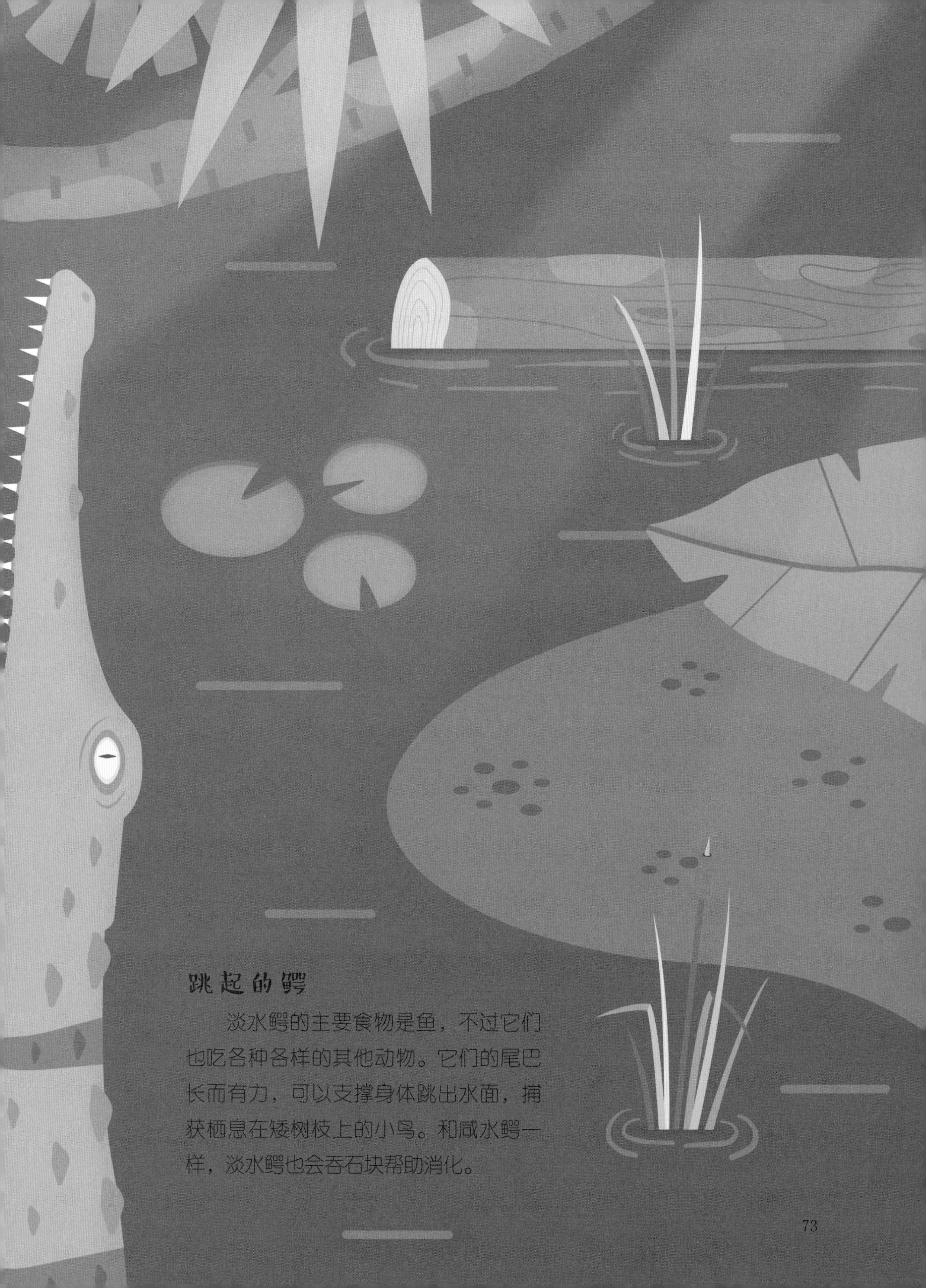

跳起的鳄

淡水鳄的主要食物是鱼，不过它们也吃各种各样的其他动物。它们的尾巴长而有力，可以支撑身体跳出水面，捕获栖息在矮树枝上的小鸟。和咸水鳄一样，淡水鳄也会吞石块帮助消化。

恒河鳄

图中这种长相怪异的鳄类就是恒河鳄，也有人叫它们食鱼鳄。恒河鳄的身体已经进化为比其他大多数鳄类更适合捕鱼的样子。它们的鼻子极度特化，可以在水里感应到动静。恒河鳄在水中快速地摇摆头部，以便准确地定位哪里有它们的大餐。它们用细长的嘴巴（相对于它们庞大的身体，恒河鳄的嘴巴是所有鳄类中最细的）捕捉鱼类。它们的嘴巴里长了100多颗像刀一样锋利的牙齿，非常适合捕捉滑溜溜的鱼类。雄性恒河鳄鼻子上长着的突起，被印度人叫作“壶”，这个“壶”可以在水里吹泡泡，以吸引配偶。它们还能用这个“壶”发出声音，进一步向潜在的配偶炫耀自己的能力。恒河鳄非常适应水生环境，它们只有在晒太阳或筑巢的时候才会爬上河岸。

扬子鳄

扬子鳄比起它们在美洲的远亲来，体形要小很多。它们平均体长为1.5米，而大个子的美洲短吻鳄能长到3～4米。

扬子鳄是生活在美洲以外的唯一一种短吻鳄，而且它们只生活在中国特定的区域。扬子鳄喜欢在长江下游流速缓慢、较为平静的水里筑巢。它们的食物主要是鱼类。不过，遇上鱼类短缺的时候，它们也很愿意以小鸟或小型啮齿类动物为食。

扬子鳄的洞穴很大，包括好几个内室和区域，通道众多，像一座地下迷宫。它们正是利用这些通道躲避捕食者。在每年比较寒冷的那几个月，扬子鳄通常躲在洞穴里保暖。

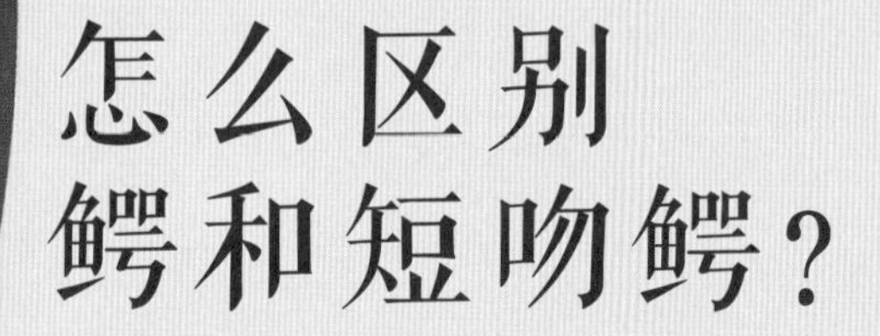

怎么区别鳄和短吻鳄？

鳄和短吻鳄有很多相似的地方。不过，如果我们仔细观察，还是能发现它们之间的一些不同，这些不同可以帮我们做出判断。

鳄

可能这不是辨别短吻鳄和鳄最安全的方法。不过，要是你能在它闭上嘴巴后看到下牙，那你看到的肯定是一只鳄。

鳄的种类不同，体形也不同。最小的侏儒鳄身长只有1.5米，而咸水鳄中的大家伙可以长到7米。

从远处辨别鳄和短吻鳄，较为简单的方法是观察它们身体的颜色。短吻鳄的身体一般呈深灰色，而鳄通常呈绿色。

短吻鳄

短吻鳄天性惧怕人类，攻击性比大部分鳄类小很多。通常情况下，它们宁愿掉头逃跑，藏进水里，也不愿意主动攻击。不过，如果感受到威胁，它们也会进行反击。

栖息地和生态环境

除了南极洲以外，地球上的各个陆地上都生活着爬行动物，因此，爬行动物的栖息地和生态环境也多种多样。接下来，我们将一起看看那些生活在炎热的沙漠、多水的雨林及其他地方的爬行动物，一起探索人类活动给生态环境带来了哪些改变，给它们的栖息地造成了哪些破坏；同时思考我们应该怎么做，才能更有效地保护它们。

沙漠

沙漠可以说是地球上极端艰苦的生态环境了。那里白天平均温度能达到炎热的38℃，晚上却能直接下降到冰冷的-4 ℃ 。生活在这里的爬行动物不得不进化出一些你难以想象的生存方法。

豹蜥

豹蜥身上的圆点花斑很像豹子，它们也因此得名。豹蜥是技术娴熟的捕手，可以为伏击猎物（昆虫和小型哺乳动物）静静等待。它们跑起来的时候只有后腿着地。相对它们的体形来说，豹蜥奔跑的速度相当快。这也意味着，即使猎物从它们的藏身之处溜走，也会被它们追上并捉住。

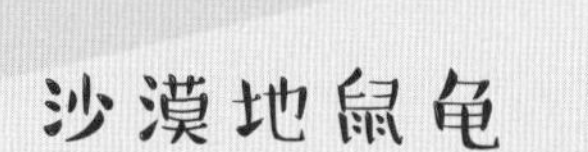

沙漠地鼠龟

沙漠地鼠龟生活在莫哈韦沙漠，它们已经适应了那里炎热的白天和寒冷的夜晚。地鼠龟在沙地里挖洞，以躲避极端的温度。它们一生中至少有95%的时间都待在洞穴里。

莫哈韦沙漠响尾蛇

莫哈韦沙漠里生活着一种带有剧毒的本土蛇类——莫哈韦沙漠响尾蛇。这种蛇喜欢躲在草丛和岩石堆里。莫哈韦沙漠响尾蛇会摇动尾巴，发出它们特有的咔嗒咔嗒声，警告入侵者赶快走开。在看到它们之前，你就能先听到它们摇动尾巴发出的声音。莫哈韦沙漠响尾蛇还有一个不那么广为人知的示威信号，那就是它们受到威胁时会发出类似猫发怒时的嘶嘶声。

环颈蜥

环颈蜥的脖子和肩膀上有黑色的环形带，看起来像一个衣领，这也是它们得名的原因。这种蜥蜴可以只用后腿奔跑，看起来像缩小版的兽脚类食肉恐龙。

死亡谷

莫哈韦沙漠里有一个叫作死亡谷的地方。这是整个北美洲最干燥、最炎热的地方，死亡谷也因此得名。这里非常干燥，每年的降水量只有约130毫米。

雨林

雨林面积约占整个地球表面的6%，这是一片神秘奇幻的栖息地，里面生活着数不清的动物和植物。

博伊德森林龙

这种蜥蜴白天大部分时间都趴在树干上，等着毫无察觉的猎物路过。它们的猎物包括小昆虫和蠕虫。

能从树叶浓密的雨林顶端射进的阳光非常有限。因此，这种蜥蜴也已经适应了这样的生活，它们不需要接受直接光照来保持体温，而是随着周围空气温度的变化而改变体温。

巨蚺

巨蚺捕到猎物后，会一圈圈缠在猎物身上，使出浑身的力气，缠裹挤压猎物，然后再将猎物整个吞下。它们堪称伪装大师。每条巨蚺身上的颜色和斑纹样式，取决于它们想融入的环境。

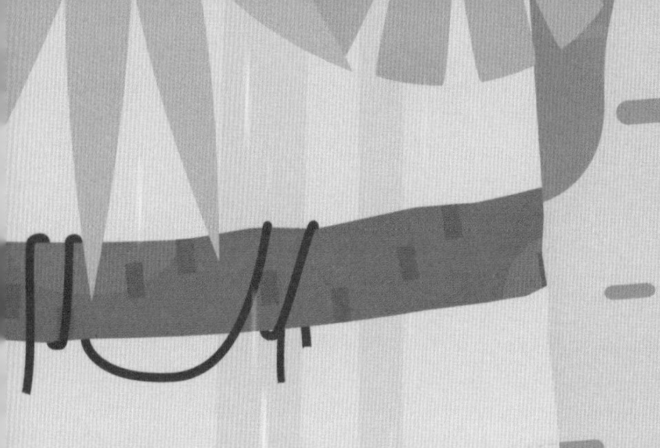

树蝰

树蝰捕食时很有耐心。它们常常能静静等待很长时间，直到猎物来到自己的捕猎范围内。不过，一旦猎物进入自己的攻击范围，它们的速度就会变得很快。树蝰会弯起脖子，闪电般地向猎物的头部发起攻击。

闪光蜥

闪光蜥要么在游泳（以自己扁平的尾巴推动身体在水里前行），要么懒洋洋地躺在树枝或树干上。它们是食肉动物，食物主要有蜗牛和昆虫，偶尔也吃小鱼和小型啮齿类动物。

叶尾虎

要是你以为你现在看到的只是一片棕褐色的树叶，而不是壁虎，没有任何人会怪你。叶尾虎不仅长得像枯叶，还能一动不动地趴着。因此，经常有捕食者从它们身旁经过而毫无察觉。

翠林奇迹

虽然雨林在地球表面上所占的面积相对较小，但全世界近一半种类的动物和植物都生活在里面。每年的降水量最少必须达到1900毫米的地区，才能被称为雨林。不过，这个标准并不高，大部分雨林每年的降水量为2500～4500毫米。这些雨水加起来，几乎有一辆双层公共汽车那么高。雨林不仅是许多动物和植物的家园，还是人类的宝库。近四分之一的现代药物，其制作材料都取自雨林植物。

山地

总的来说，爬行动物不喜欢生活在海拔较高的山地。因为它们是冷血动物，需要温暖的阳光来保持体温。不过也有一些爬行动物生活在高海拔的地方，比如一些山脉附近的森林。

西部石龙子

在海拔2100米的干燥开阔的森林里，经常能发现西部石龙子。这是一类顽强的蜥蜴，它们可以适应各种生态环境和栖息地。如果落到捕食者手里，它们会断尾逃生。其掉落的尾巴还能扭动，以此吸引敌人的注意力，给自己创造逃生的机会。

袜带蛇

袜带蛇只生活在北美洲。人们一般能在海拔4000米的地方发现它们的踪迹。袜带蛇在美洲山脉附近的草地和森林公园安家，比如约塞米蒂国家公园和内华达山脉自然保护区。

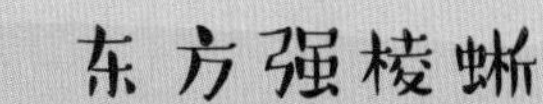

东方强棱蜥

人们在落基山国家公园布满石头的林地里发现过一些东方强棱蜥。要是你遇见过这种蜥蜴，你可能也看到过它做“俯卧撑”。虽然看起来，东方强棱蜥好像在做运动，但其实这是它们的一种社交方式，用来表现力量和地位。

城市

城市是地球上最新出现的生态环境。那些勇敢地选择生活在钢筋水泥建筑里的爬行动物，不得不面对一些艰难的挑战。有些爬行动物已经快速适应了和人类一起生活在家、办公室，甚至地下车站等环境中。

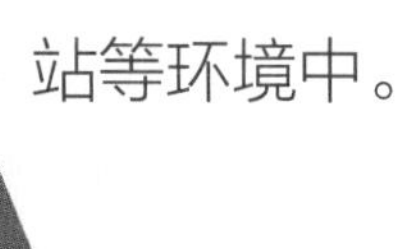

疣尾蜥虎

在东南亚地区的建筑里，我们经常可以看到疣尾蜥虎在墙上、天花板和房顶上爬动。它们是夜行动物，喜欢捕食昆虫。在城市灯火通明的夜里，昆虫被灯光吸引，这些昆虫又吸引了疣尾蜥虎前来捕食。

城市蛇类

北方褐蛇在北美洲经常被看作城市蛇类，它们是城市里最常见到的蛇类。建筑工地是它们最喜欢的地方之一，那里通常有大量的木头、石头和废料碎屑供它们藏身。城市里成千上万的老鼠，也会吸引蛇类前来觅食。

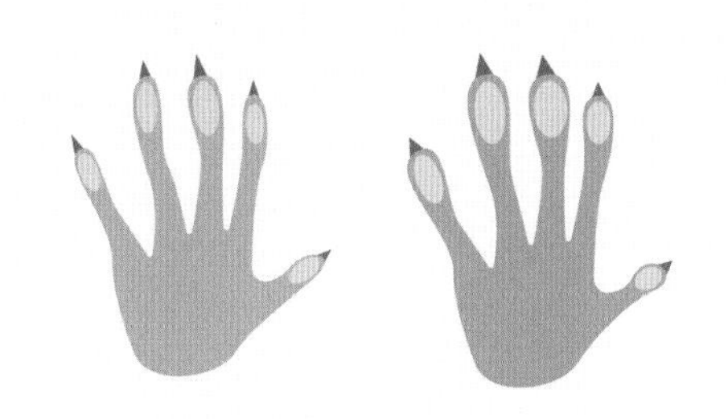

安乐蜥

生活在城市里的安乐蜥很聪明，它们已经特化出了更长的四肢，指头底下的鳞片也变得更宽大，非常有利于它们在玻璃这样光滑的平面上爬行。而生活在森林里的安乐蜥，并没有发生这种特化。由此，科学家便推测，是城市的生态环境引起了城市安乐蜥身体的这些变化。自从第一次在波多黎各一个城市的窗子上发现它们后，人们便经常能在波多黎各的各个城市看到它们安然自在地在高高的窗户上爬行。

土耳其蜥虎

土耳其蜥虎在当地城市繁衍旺盛。因为它们在城市里能找到很多食物，而天敌却很少。这种蜥虎常在当地人的墙壁里做窝，属于夜行性动物。它们白天在窝里睡大觉，夜晚出去觅食。

减少的栖息地

地球上的生态系统复杂而微妙，即使一点点的变化，都可能直接影响某个物种的生存或灭绝，这一点不仅对爬行动物如此，对别的动物也一样。

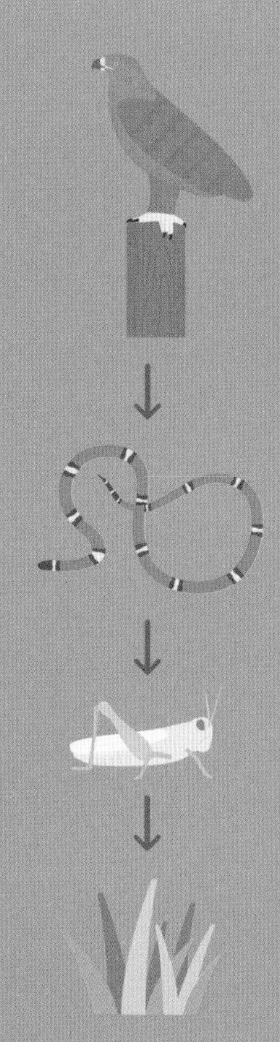

冲击效应

从上图的例子中可以看出，爬行动物既是捕食者又是猎物，在食物链中扮演着重要的角色。如果一片栖息地中，爬行动物的数量下降了，就会对其他动物产生冲击效应。如果一种动物灭绝了，就会产生一连串的“连锁效应”，比如以这种动物为食的其他动物会食物不足，而被这种动物捕食的那些动物，则会过度繁殖。

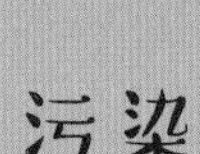

污染

向爬行动物的栖息地倾倒有害的化学物质以及环境污染物，会造成灾难性的后果。爬行动物比其他动物更为敏感，因此，这些污染给它们造成的危害也更大。

生活垃圾和石油泄漏

自然环境面对的另一个主要威胁是人类的生活垃圾。其中机动车尾气和油轮造成的石油泄漏，对爬行动物具有致命危害。另外，爬行动物还可能把垃圾（比如塑料袋）误认为食物或藏身所。吃下去的塑料袋可能会导致它们死亡；而如果被塑料袋缠住，它们可能会窒息。

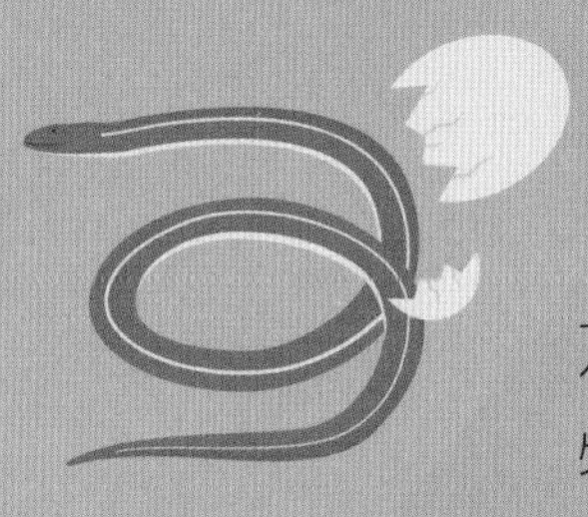

入侵物种

入侵物种是指原来不生活在某个地方，后来被人为带过去并繁殖发展的生物。在北美洲，入侵物种牛蛙正在影响本土袜带蛇的生存状况，因为这种牛蛙喜欢捕食刚孵出的袜带蛇。

气候变化

全球气候变化严重地影响了爬行动物的数量。举个例子，在澳大利亚东海岸，新孵化的海龟99%都是雌性。这是因为海龟的性别受孵化环境的温度影响，温度较高时，雌性小海龟的比例会增高。

我们能帮它们做什么？

这些问题相当复杂而困难，对应的解决方案也并不简单。不过，这里仍然有我们力所能及的地方。回收废旧材料可以减少对动物栖息地的破坏，还可以降低化学物质造成的危害。另外，在那些森林被砍伐的地方，重新培植树木也很重要。此外，我们还应当减少污染物和生活垃圾的排放，并将它们妥善处理。这些问题的解决不能一蹴而就，只有我们一起努力，才能帮助这些令人不可思议的爬行动物继续繁衍生存下去。

消失的爬行动物

目前，约有2000种爬行动物被列入濒危或极危物种名单，这个数量相当于每5种爬行动物中就有1种被列入名单。如果我们对环境保护依然掉以轻心，那上图中这种漂亮的爬行动物——琴头蜥就会灭绝。有些爬行动物经过进化，适应了地球上一些更为极端的生存环境，但这也让它们对栖息地内的小变化更加敏感。很多爬行动物既是捕食者又会被别的动物捕食，在食物链中起着重要作用。因此，如果某种爬行动物灭绝了，会对其栖息地内的其他动物造成严重的冲击。对爬行动物及它们的栖息地造成威胁的因素有很多，其中最大的因素是气候变化。气候变化迫使爬行动物待在窝里保持体温，不敢轻易出来。但这也意味着它们有可能错过捕食和繁殖的最佳时机。

森林遭到过度砍伐，是威胁爬行动物生存的又一个因素。过度砍伐破坏了它们的栖息地，让它们失去藏身之所。无法躲藏，也找不到食物，这对生活在森林地区的爬行动物来说，危害尤其大。为了保护这些动物，让它们长久地生存，我们要找到别的方法满足自身所需，而不是过度砍伐森林。高效的节能计划和重新造林计划，可以减少砍伐量，并弥补过度砍伐给这些生存环境造成的伤害。另外，减少包装纸的使用和回收废料也能起到一定作用。

修复爬行动物的栖息地，拯救这些多种多样、迷人有趣又卓越非凡的爬行动物，正变得越来越迫切。快，行动起来吧！

科普词汇

胚胎： 由受精卵发育而成的初期发育的动物体。

孵化： 卵生或卵胎生动物在一定的温度和其他条件下在卵内完成胚胎发育后，变成幼虫或幼体的过程。

卵生： 动物的受精卵在母体外独立进行发育的生殖方式。胚胎在发育过程中全靠卵自身所含的卵黄为营养。

蟒： 蟒是体形较大的蛇类，通常指在分类学上隶属于爬行纲、蛇目、蟒科的物种，全世界大约有60种。蟒的体表被有小型鳞片，腰带退化，但尚有退化的股骨的痕迹，在泄殖腔的两侧有一对角质的爪状物，是退化的后肢残迹。

伪装： 动物利用体色或环境隐蔽自己的自我保护方式，同时也能起到欺骗、迷惑天敌及猎物的作用。

特化： 生物在演化过程中，某些物种因适应某一独特的生活环境或生活习性，形成某些局部器官过于发达的一种特殊适应现象。

眼睑： 位于眼球前方，分上、下眼睑，能开闭，是保护眼球的重要结构。

瓣膜： 动物体内的某些器官中可以开闭的膜状结构。

拟态：一种动物在形态和体色上模仿另一种有毒或不可食的动物，从而使自己受益的一种防御方式。

外耳：包括耳郭和外耳道。爬行动物首次出现外耳，由鼓膜下陷形成外耳道，从而有利于保护鼓膜。耳郭为哺乳类动物所特有，内有弹性软骨支持，是高度精巧而灵敏的集音装置。

蜕皮：大多数昆虫及一些其他节肢动物、爬行动物等，在发育过程中一次或多次蜕去表皮，并由新长出的表皮来代替的现象。

毒液：某些动物体内拥有特殊功能分化的腺体，这些腺体产生的毒性分泌物可以杀死或麻醉猎物。

食肉动物：食物组成中大部分或主要是肉类的动物。

杂食动物：食物组成中包括肉类和植物的动物。

脊椎动物：脊椎动物是与无脊椎动物相对的动物类群，共同特点是：体形左右对称，一般分为头、躯干、尾三部分；头部有发达的脑和眼、耳、鼻、舌等重要感觉器官；躯干部具有成对的附肢。